# HERBIER OFFICINAL

## DESCRIPTION DES PLANTES CHAMPÊTRES

### LES PLUS USUELLES

EN PHARMACIE ET EN ÉCONOMIE DOMESTIQUE,

AVEC

**FIGURES DESSINÉES D'APRÈS NATURE ET DE GRANDEUR NATURELLE;**

Par **Gérand** aîné.

OUVRAGE EXÉCUTÉ SUR FORMAT GRAND IN-4°, EN 45 OU 50 LIVRAISONS.

Il paraîtra deux livraisons par mois, ornées de deux Planches chacune, avec une ou deux Figures, et Description détaillée.

Édition en noir. . . . . . . . 1 fr.
d.° coloriée. . . . . . . . 1 fr. 50.

ON SOUSCRIT :

**A Bordeaux**. . . . . Chez CATROS-GÉRAND, allées de Tourny, 29.
**A Paris**. . . . . . . . A la Librairie de BERTRAND, rue de l'Arbre-Sec, 22.

O fleurs ! en tous les temps égayez ma retraite.
Et , plus heureux que moi , puisse un autre poète
Peindre sous des crayons, frais comme vos couleurs ,
Vos traits, vos doux instincts, vos sexés et vos mœurs!
FONTANES, *Les Fleurs.*

Livraison.

## BORDEAUX.

IMPRIMERIE DE TH. LAFARGUE, LIBRAIRE,

RUE PUITS DE BAGNE-CAP, 8.

**1856.**

# HERBIER OFFICINAL

## DESCRIPTION DES PLANTES CHAMPÊTRES

### LES PLUS USUELLES

EN PHARMACIE ET EN ÉCONOMIE DOMESTIQUE,

AVEC

**FIGURES DESSINÉES D'APRÈS NATURE ET DE GRANDEUR NATURELLE;**

*Par* **Gérand** *aîné.*

OUVRAGE EXÉCUTÉ SUR FORMAT GRAND IN-4°, EN 45 OU 50 LIVRAISONS.

Il paraîtra deux livraisons par mois, ornées de deux Planches chacune, avec une ou deux Figures, et Description détaillée.

Édition en noir. . . . . . . . 1 fr.
d.° coloriée. . . . . . . . 1 fr. 50.

### ON SOUSCRIT :

**A Bordeaux**. . . . . Chez CATROS-GÉRAND, allées de Tourny, 29.
**A Paris**. . . . . . . . A la Librairie de BERTRAND, rue de l'Arbre-Sec, 22.

O fleurs ! en tous les temps égayez ma retraite.
Et , plus heureux que moi , puisse un autre poète
Peindre sous des crayons, frais comme vos couleurs ,
Vos traits , vos doux instincts, vos sexes et vos mœurs !
FONTANES, *Les Fleurs.*

L'ouvrage, dont nous offrons la deuxième édition , a pour but de répandre et de vulgariser la connaissance d'un certain nombre de plantes qui croissent spontanément dans nos champs , et dont l'usage est fréquent en médecine , en pharmacie et quelquefois dans les arts.

La botanique réunit au plus haut degré , l'utile à l'agréable ; mais elle offre à l'étude un champ tellement vaste, que nous avons dû faire un choix raisonné et restreint des espèces les plus usitées. Nous avons mis de côté une foule de végétaux trop vantés des anciens et des modernes, et nous nous sommes bornés à la liste des plantes officinales recommandées dans la Flore de M. Laterrade, auquel nous sommes redevables d'une foule de remarques très-utiles et de descriptions intéressantes. Nous avons pris dans le *Cours élémentaire de Botanique* par M. A. Jussieu, les vertus particulières à chaque famille. — Les conseils aux herboristes sur la cueillette et la conservation des plantes médicinales, sont extraits des Manuels des docteurs Lebaud et Gautier ; enfin, les détails sur les plantes économiques sont puisés dans les ouvrages de M. Vilmorin.

Il est peu de science qui réclame plus impérieusement, que la botanique, le secours de la peinture; vainement chercherait-on à la remplacer par les descriptions les plus exactes; les mots techniques ne sont point à la portée du commun des lecteurs, et les savants eux-mêmes, reconnaissent l'utilité de joindre, au texte, des figures d'après nature. — C'est ce que nous avons tenté de faire en nous rapprochant, autant que possible, des nuances si variées sous lesquelles le règne végétal se montre à nos regards. — Les dessins seront sans contredit la partie la plus agréable de cet ouvrage ; le véritable port de chaque plante, son feuillage, ses fleurs, ses fructifications seront représentés avec autant d'exactitude que nous pourrons en mettre. Nous sommes aidés dans notre travail, par

M. Gard, dessinateur consciencieux, dont le crayon habile s'attache surtout à représenter la nature.

Nous n'avons pas besoin d'insister sur l'utilité de notre publication ; les médecins et les pharmaciens y trouveront de précieux renseignements sur les vertus médicales des plantes les plus usitées ; — les herboristes apprendront à connaître les différences caractéristiques des espèces qui se ressemblent et qu'il est cependant si important de ne pas confondre. De plus, l'époque de recueillir les feuilles, les racines, les fleurs de chaque espèce, afin qu'elles puissent conserver toutes les vertus dont la nature les a douées ; c'est un des points importants que nous tâcherons toujours de donner exactement.—Les jeunes étudiants, enfin, saisiront facilement, dans un travail aussi amusant qu'instructif, les détails de l'organographie de ces mêmes plantes.

Nous publierons à la suite, plusieurs planches supplémentaires, représentant les signes qui servent de base pour la classification des familles contenues dans l'ouvrage.

GÉRAND AÎNÉ.

BORDEAUX. — IMPRIMERIE DE TH. LAFARGUE, LIBRAIRE, RUE PUITS DE BAGNE-CAP, 8.

**CICHORIUM INTYBUS** L (Chicoracée.)
Chicorée Sauvage.

# CHICORÉE SAUVAGE.

*Latin*. .... Cichorium intybus Linné, classe xix, Syngénésie, Polygamie égale.
  *D°*     Jussieu, classe x, ordre 1ᵉʳ, Chicoracées.
*Espagnol*. Chicoria ; achicoria.
*Anglais*. . Succory; Chichory; Wild succory.
*Allemand*. Chicorie ; Wegwart.

La Chicorée sauvage s'offre partout à nos regards, le long des chemins et sur le bord des champs ; le réceptacle de ses fleurs, garni de paillettes, la distingue de la laitue ; son calice, composé d'un double rang d'écailles, empêche de la confondre avec d'autres genres dont le réceptacle est également pourvu de paillettes.

La racine, remplie d'un suc laiteux, est longue et fusiforme.

Les tiges sont droites, rameuses, étalées.

Les fleurs sessiles, d'un beau bleu, quelquefois blanches, axillaires, les supérieures solitaires ; les écailles extérieures du calice courtes ; les intérieures étroites, rapprochées en cylindres ; la corolle, composée de deux fleurons prolongés en une languette linéaire, tronquée, à cinq dents au sommet, renfermant cinq étamines ; les anthères, réunies en cylindre traversé par un style à deux stigmates.

Les semences sont petites, anguleuses, surmontées d'un petit rebord à cinq dents.

La plante cultivée est beaucoup plus forte et plus élevée ; on pense qu'elle a produit la Chicorée connue sous le nom de Scarole ou Scariole ; les autres espèces de Chicorée frisée n'en sont que des variétés [1].

Toutes les parties de cette plante ont une saveur fraîche, amère, beaucoup plus prononcée dans la plante sauvage que dans celle qui a été modifiée par la culture ; elle renferme un suc amer et légèrement styptique, auquel elle paraît redevable des vertus stomachiques, rafraîchissantes, apéritives, résolutives, etc., etc., dont elle a été largement décorée. Quoique cette plante ne justifie pas toujours les nombreuses qualités qu'on s'est plu à lui reconnaître, on ne peut s'empêcher de noter que ses feuilles et ses racines ont la propriété de fournir par l'infusion, ou par une légère décoction dans l'eau, une boisson tempérante et rafraîchissante, un peu amère et légèrement laxative, qu'on peut employer dans la plupart des fièvres primitives, surtout dans les fièvres bilieuses. — A raison de cette propriété, la Chicorée sauvage paraît en général plus convenable que les solutions gommeuses, plus ou moins affadissantes, dont on ne cesse de gorger les malades dans presque toutes les affections aiguës ou chroniques. — L'usage de cette plante convient particulièrement aux jeunes gens et aux tempéraments sanguins et bilieux.

Une variété connue sous le nom de Chicorée à café donne des racines charnues et longues comme des carottes ; on récolte ces racines vers la fin de l'Automne ; on les nettoie exactement ; on les coupe en tranches que l'on fait sécher au four, et, après les avoir torréfiées et pulvérisées, on les emploie en infusion dans l'eau pour fournir une boisson qui a toutes les apparences du café, sans avoir les qualités de cette précieuse liqueur [1].

La Chicorée sauvage donne un fourrage très-productif, précoce, résistant bien à la sécheresse, fort utile en pâturage, ou pour être donnée en vert à l'étable. Cette plante est surtout excellente pour les vaches ; on la sème au Printemps ou à l'Automne, à la volée, seule ou avec du trèfle, de l'orge ou de l'avoine, à raison de 12 kil. par hectare ; elle réussit bien dans les terres fortes ou légères, si elles ont un peu de fond. — Les racines de la Chicorée sauvage à café pourraient servir avantageusement pour la nourri-

[1] Poiret.

[1] Chamberet.

ture des animaux, surtout des porcs qui s'accommodent bien de celles de l'espèce ordinaire, qui sont beaucoup plus dures et plus fibreuses ; ces racines ne gèlent pas et peuvent rester l'Hiver en terre, ce qui est important. De plus, cette variété a les feuilles plus larges que celles de l'espèce ordinaire, et serait probablement plus avantageuse pour la grande culture.

Les Égyptiens ont fait de tout temps une grande consommation de Chicorée ; la dénomination de *Chicorium*, dont nous avons fait Chicorée, est d'origine égyptienne.

Par la culture dans les jardins, la Chicorée se décolore, devient plus douce, plus agréable au goût ; on en fait une salade d'Hiver appelée *barbe de Capucin* ou *cheveux de Paysan*. Les semis destinés à cet usage se font d'Avril en Mai. On établit dans une cave, en Novembre et Décembre, une ou plusieurs couches de terre légère ou sablonneuse, ou du fumier bien consommé. On y couche, la tête en dehors, des racines de Chicorée semées dans l'année, puis l'on recouvre d'un lit de même terre et de même épaisseur, sur lequel on replace un nouveau rang de racines qu'on recouvre de même. La température égale et douce de la cave et le défaut de lumière, ne tardent pas à faire pousser des feuilles étiolées et sans couleur que l'on récolte à mesure qu'elles paraissent. Une autre manière de faire blanchir la Chicorée sauvage, sans la déplanter, consiste à la semer par planches et en ligne ; en Février, on la recouvre de 10 à 12 centimètres de terre ; vers la mi-Mars elle pousse en jets, et on la coupe entre deux terres, comme les asperges. De cette façon, elle est blanche et fort tendre et peut se manger crue ou en salade, et son usage s'allie parfaitement avec la viande rôtie [1].

Il est facile de se procurer la plante fraîche, toute l'année.

' Vilmorin.

## EXPLICATION DE LA PLANCHE.

DEMI-FLEURON DE LA CHICORÉE.

Nᵒ 1. *A*, ovaire adhérent avec le calice.

    *B*, tube formé par les étamines, traversé par le style bifide *C*.

2. Graine de grosseur naturelle.

3. La même, grossie.

BORDEAUX. — IMPRIMERIE DE TH. LAFARGUE, LIBRAIRE, RUE PUITS DE BAGNE-CAP, 8.

Lith: G. Chaixl, Bord:

**MELILOTUS OFFICINALIS** (Wild) Papilionacée.)
Melilot officinal

Lith: G. Chaixl, Bord:

# MÉLILOT.

*Latin*..... **Melilotus officinarum** Tournefort, Classe **X**, Section IV, Genre III.
**Trifolium Melilotus officinalis** Linné, Diadelphie, Décandrie.
*d.°*          Jussieu, Classe XIV, Ordre II, Famille des Papilionacées.
*Espagnol*. **Meliloto.**
*Anglais*... **Melilot Trefoil.**
*Allemand*. **Honigklee.**

Quoique Linné ait placé les Mélilots dans le même genre que les trèfles, plusieurs botanistes ont cru devoir les séparer; car ils en diffèrent par leur port et leur inflorescence. Dans l'un et l'autre genre, les fleurs sont papilionacées et les caractères de leur fructification très-rapprochés; le calice persistant a cinq dents; la carène est d'une seule pièce, plus courte que les ailes et l'étendard; dix étamines diadelphes; une gousse fort petite à une ou deux semences recouvertes par le calice. Dans les Mélilots, cette gousse est saillante hors du calice; de plus, les fleurs sont disposées en grappes allongées et axillaires; les feuilles sont composées de trois folioles; les stipules n'adhèrent au pétiole que par une partie de leur base, et persistent souvent sur la tige après la chute des feuilles.

Dans l'espèce dont nous donnons le dessin, les racines sont grêles, droites, peu rameuses; il s'en élève une tige droite, ferme, rameuse, haute d'environ 60 centimètres, pleine et glabre.

Les fleurs sont petites, jaunes, quelquefois blanches, pendantes sur leur pédoncule, disposées en grappes lâches, très-simples, allongées, axillaires; il leur succède des gousses pendantes noirâtres, un peu rudes, renfermant une ou deux semences jaunâtres et arrondies.

Cette plante croît en Europe, dans les prés et le long des haies; elle acquiert, en séchant, une odeur agréable, analogue à celle du miel, beaucoup plus forte après la dessiccation qu'à l'état frais. — Sa saveur, herbacée et mucilagineuse, devient amère, un peu âcre et légèrement styptique quand on la mâche. D'après Bergieus, son arôme et son principe amer sont solubles dans l'eau; et, par conséquent, ce liquide s'empare de toutes les qualités actives du Mélilot, soit par la distillation, soit par simple infusion [1].

Les propriétés médicinales de cette plante sont fort restreintes; il y a déjà longtemps que son usage intérieur est tombé en désuétude. On peut l'employer, à l'extérieur, en fomentations, en bains, en gargarisme, ou sous forme d'emplâtre et de cataplasme émollient. L'eau distillée qu'on en prépare encore dans certaines pharmacies est bien plus utile aux parfumeurs, pour la composition de leurs odeurs, qu'aux médecins pour la guérison de leurs malades. Les fleurs constituent une des quatre fleurs dites carminatives. Nous trouvons dans Valmont de Bomare, qu'il suffit d'introduire une petite quantité de Mélilot dans le corps d'un lapin domestique nouvellement tué et vidé, pour que la chair de cet animal contracte le goût des meilleurs lapins de garenne [1].

Le nom de *Trifolium caballinum* (Trèfle de cheval), qui a été imposé à cette plante, et que lui conservent les Italiens, indique que le Mélilot plaît singulièrement aux chevaux. Plusieurs plantes appartenant à ce genre ont souvent été essayées pour fourrage, sans qu'aucune se soit encore établie dans la culture. Le Mélilot de Sibérie (*Melilotus alba*), si beau, si vigoureux, si fourrageux, malgré les recommandations de deux célèbres agronomes, Daubenton et André Thouin, n'est pas devenu d'un emploi usuel. — Ses tiges, trop aqueuses dans leur jeunesse, trop grosses et trop dures un peu plus tard, rendent sa conversion en fourrage sec difficile et peu avantageuse; son emploi vert serait plus profitable, mais il exige des précautions et de la surveillance : les Mélilots passant pour être plus dangereux encore que le trèfle et la luzerne.

Le Mélilot de Sibérie est bisannuel; et, sous ce rapport, s'intercalerait dans les assolements de la même manière que le trèfle : il craint moins que lui les terres médiocres et sèches. Quelque jugement qu'on en porte par la suite, comme fourrage, il possède un avantage bien reconnu, celui de fournir aux abeilles, par ses fleurs très-nombreuses et successives, une pâture abondante qu'elles recherchent avec avidité. — On sème de 18 à 20 kil. de graine par hectare. En semant épais, on obtient des tiges plus fines et plus propres à être converties en fourrage foin. — Dans quelques localités, on emploie avec succès le Mélilot de Sibérie, pour amender, en l'enfouissant, les terres de médiocres qualités [2].

[1] *Poiret*

[1] *Flore médicale.*
[2] *Vilmorin.*

## EXPLICATION DE LA PLANCHE.

N° 1. Pistil.
2. Pétales détachées d'une fleur.
3. Fleur grossie.
4. Calice, étamine et pistil.

**FUMARIA OFFICINALIS** L.( Fumariacée.)
La Fumeterre.

Lith: G. Chariol Bord.

# FUMETERRE.

*Latin.....* FUMARIA OFFICINARUM Tournefort, Classe II, Anomales.
FUMARIA OFFICINALIS Linné, Classe XVII.
　　　　　*d.°*　　　　Jussieu, Classe XIII, Ordre II, Papavéracées.
*Espagnol.* FUMARIA ; PALOMELLA.
*Anglais.....* FUMITORY.
*Allemand...* ERDRAUCH.

Les racines de cette plante sont blanches, fibreuses, allongées, perpendiculaires; elles produisent des tiges grêles, tendres, étalées, lisses, succulentes, très-rameuses, longues de 25 à 30 centimètres.

Les feuilles sont glabres, alternes, pétiolées, deux fois ailées, d'un vert glauque ou cendré; leurs découpures planes, un peu élargies, à deux ou trois lobes obtus.

Les fleurs sont d'un blanc rougeâtre, tachetées de pourpre à leur sommet, disposées en épis lâches; une bractée membraneuse et blanchâtre accompagne chaque fleur.

Le calice se compose de deux pétales caduques, opposées et fort petites; la corolle, oblongue, irrégulière, a quatre pétales inégaux, d'une apparence papilionacée, l'un d'eux prolongé en éperon; les étamines, au nombre de six, sont diadelphes, en deux faisceaux.

L'ovaire est uniloculaire, un peu comprimé; le style est court, surmonté d'un stigmate déprimé.

Le fruit est une petite silique globuleuse, à une seule loge monosperme (*Richard*).

Lorsqu'on écrase la Fumeterre, elle exhale une odeur herbacée. La saveur amère, désagréable, qu'elle présente à l'état frais, augmente par la dessiccation; mais cette saveur n'est pas assez prononcée pour empêcher les vaches et les moutons de la brouter. — Cette plante fournit un extrait muqueux et un extrait résineux, le premier beaucoup plus amer que le second.

Si les éloges prodigués à un végétal suffisaient pour lui donner de grandes propriétés médicales, la Fumeterre serait sans contredit un des plus puissants moyens thérapeutiques. Les anciens et les modernes ont préconisé ses vertus dépurative, balsamique, tonique, savonneuse, laxative, emménagogue. Plusieurs praticiens attestent en avoir fait un usage avantageux contre la goutte, le scorbut, les maladies vermineuses; contre les affections lentes des viscères, la mélancolie, l'hypocondrie. Le docteur Gilibert la regarde comme un excellent anti-scorbutique. Cependant les maladies chroniques de la peau sont les affections contre lesquelles la Fumeterre paraît avoir acquis plus de réputation. MM. Chaumeton, Bordard, et plusieurs autres praticiens, rangent cette plante parmi celles qui offrent les meilleurs moyens curatifs de la lèpre en général, et particulièrement celle désignée sous le nom de lèpre du Nord. Appliquée à l'extérieur, en onction, on lui accorde la propriété de guérir la gale.

Sans doute, les propriétés physiques de la Fumeterre, quoique peu énergiques, la rapprochent des amers, avec lesquels Cullen lui trouve beaucoup de rapport, et semblent indiquer qu'elle agit sur l'économie animale, en augmentant l'action des organes à la manière de ces médicaments. Toutefois, ses effets immédiats sont loin d'avoir été appréciés avec assez d'exactitude pour ne laisser aucune incertitude dans l'esprit. On la fait rentrer dans une foule de compositions, où il est bien difficile de déterminer le rôle qu'elle peut jouer dans la guérison de certaines maladies.

La Fumeterre est quelquefois administrée en infusion ou en décoction, dans l'eau, le lait, ou la bière, comme boisson. Le plus souvent, on en prescrit le suc, à la dose de 40 à 60 grammes en vingt-quatre heures. On en compose une eau distillée, une conserve, un extrait. On fait avec le sirop de Fumeterre, dit M. Pinel, un sirop que les enfants prennent sans difficulté. Elle rentre aussi dans le sirop de Chicorée composée ( *Chaumeton* ).

MM. Damboureney et Chaumeton regardent la Fumeterre comme une des plantes indigènes les plus précieuses pour donner aux étoffes de laine une couleur jaune, pure et solide.

On trouve en abondance, dans les terrains sablonneux de nos départements méridionaux, la Fumeterre à épis, remarquable par son feuillage très-menu, approchant de celui du Fenouil, et ses fleurs disposées en épis courts et serrés. Nous citerons encore la Fumeterre bulbeuse, dont on a fait depuis le genre Corydalis; la racine est composée d'un tubercule creux ou solide, sphérique; la tige simple ou bifurquée, de 14 à 16 centimètres de hauteur; les feuilles sont profondément et finement découpées à segments incisés. Cette plante se multiplie de graines semées aussitôt leur maturité, ou par bulbes qui donnent, en Avril, des fleurs en grappes blanches, pourpres, gris de lin, dont la réunion produit en massif un très-joli effet. De plus, la racine de la Fumeterre bulbeuse fournit de l'amidon ; elle sert d'aliment aux Kalmouks et autres peuplades de la Russie. Ses feuilles et ses tiges sont quelquefois employées en remplacement de la Fumeterre officinale [1].

On a introduit depuis peu de temps dans nos jardins une plante de la famille des Fumeterres, originaire de la Chine : le *Dieclytra spectabilis* D C., dont les racines vivaces donnent naissance, au Printemps, à des tiges de 50 à 60 centimètres, portant de longues grappes de fleurs d'un très-beau rose, entremêlé de jaune et de gris de lin. Ces plantes se multiplient par éclats de racines et demandent une terre franche et légère. L'élégante découpure de ses feuilles et leur teinte qui rappelle celle de la Pivoine en arbre, la gracieuse disposition de ses fleurs roses, se succédant pendant assez longtemps, en font une des plus belles conquêtes de l'horticulture.

[1] *Flore médicale.*

## EXPLICATION DE LA PLANCHE.

Nº 1. Fleur entière.
2. Pistil et étamines.
3. Fruit entier grossi.
4. Fruit coupé horizontalement.
5. Graine.

**AJUGA REPTANS** L.(Labiée.)
Bugle.

Lith: G. Chaiol Bordeaux.

# BUGLE.

*Latin.. ..*  Bugla Tournefort, Classe IV, Labiées.
      *d.°*  Jussieu, Classe VIII, Ordre VI, Labiées.
      Ajuga reptans Linné, Classe XIV, Didynamie gymnospermie.
*Espagnol.* Bugla.
*Anglais...* Bugle.
*Allemand.* Guntzel, Hermann.

La Bugle, dont nous offrons le dessin, a une racine grisâtre, menue, fibreuse; une tige haute de 15 à 20 centimètres, droite, simple, carrée, à drageons rampants qui donnent naissance à de nouvelles tiges.

Les feuilles sont opposées, ovales, oblongues, glabres, bordées de quelques dents anguleuses et obtuses.

Les fleurs, communément bleues, sont roses dans une belle variété, et blanches dans une autre; elles sont presque sessiles, disposées par verticilles garnis de bractées dont les supérieures sont souvent colorées et forment un bel épi terminal. Chaque fleur présente : un calice court persistant, monophylle à cinq découpures aiguës; une corolle monopétale, labiée irrégulière, la lèvre supérieure n'étant constituée que par deux petites dents très-courtes, à peine sensibles, tandis que l'inférieure, assez ample, est formée de trois lobes, dont le moyen est échancré en cœur; quatre étamines didynames; un ovaire supérieur, du centre duquel s'élève un style bifide à son sommet.

Le fruit consiste en quatre graines nues, ovales oblongues, situées au fond du calice.

Cette plante vivace se trouve en abondance dans les prairies, dans les bois de la France, au milieu des sables de la Pologne, sur les dunes de la Hollande. On pourrait la cultiver comme plante d'ornement; car, dans les terrains fertiles, les tiges s'élèvent de 35 à 45 centimètres et donnent des fleurs abondamment.

La Bugle a été très-recommandée autrefois comme vulnéraire; on appliquait ses feuilles hachées sur les coupures et les contusions. Soumise à des observations plus exactes, elle a perdu sa renommée, et ne partage même pas les vertus des Labiées les plus vulgaires. — Brugmans classe cette plante parmi celles qui sont nuisibles aux prés; les moutons et les chèvres la broutent; elle est négligée par les chevaux et les cochons [1].

Les Italiens mangent en salade les jeunes pousses et les racines de cette plante.

[1] *Flore médicale.*

Les plantes, appartenant à la famille des Labiées, ont pour caractères distinctifs : une tige quadrangulaire ou imparfaitement cylindrique, des rameaux et des feuilles opposées, des fleurs odorantes offrant un calice monosépale, persistant, divisé en son limbe; une corolle monopétale à bords divisés en deux parties principales et écartées, qui représentent assez bien deux espèces de lèvres.

Le fruit consiste en quatre graines placées au fond du calice qui lui sert de péricarpe. On a constaté que les feuilles sont couvertes d'un grand nombre de petits réservoirs d'huile essentielle. C'est à ces huiles que les Labiées doivent leur odeur aromatique, variée suivant les espèces, et si agréable dans quelques-unes, qu'il suffit de nommer la Sauge, le Thym, le Serpolet, la Mélisse, la Lavande, la Menthe, le Romarin, le Patchouly, etc. — Tantôt on extrait l'huile même pour l'employer comme parfum; tantôt on en prépare des eaux spiritueuses dont nous faisons le plus fréquent usage, ou l'on en aromatise divers cosmétiques. — Certaines feuilles, celles de la Sariette, de la Marjolaine, du Basilic, etc., sont introduites dans nos mets comme condiments; l'infusion de plusieurs espèces légèrement toniques est prise quelquefois en guise de Thé. — A l'effet que doit déterminer la présence d'huiles essentielles, il faut ajouter souvent celui d'un autre principe gommo-résineux, légèrement amer, duquel résulteront des vertus toniques; aussi, plusieurs de ces boissons sont conseillées pour cette cause, comme stomachiques : et si ce principe abonde, elles pourront devenir fébrifuges. Il est à remarquer que le camphre, cette substance que l'on trouve en abondance dans la famille des Laurinées, se rencontre associé à l'huile volatile des Labiées, en quantité telle, dans la Sauge et la Lavande, qu'il y aurait avantage à en faire l'extraction [1].

[1] A. de Jussieu.



BORDEAUX. — IMPRIMERIE DE TH. LAFARGUE, LIBRAIRE, RUE PUITS DE BAGNE-CAP, 8.

**LINUM ANGUSTIFOLIUM** (Huds) Linée.
Lin.

# LIN.

*Latin.....* LINUM SATIVUM, LATIFOLIUM, AFRICANUM Tournefort, Classe VIII, Section I, Genre III.

LINUM USITATISSIMUM Linné, Pentandrie Pentagynie.

*d.°* Jussieu, Classe XIII, Ordre II, Famille des Caryophyllées.

*Espagnol.* LINO.

*Anglais...* LINSEED.

*Allemand.* LEINSAAMEN.

Le Lin commun a une racine grêle, presque simple, garnie de quelques fibres latérales; elle produit une tige droite, menue, glabre, cylindrique, rameuse vers son sommet, haute d'environ 45 centimètres.

Les feuilles sont sessiles, éparses, glabres, d'un vert un peu glauque, linéaires, lancéolées, aiguës.

Les fleurs sont assez grandes, d'un bleu-clair, les unes axillaires, d'autres terminales; les pédoncules filiformes et uniflores; les folioles du calice ovales, mucronées, blanchâtres et scarieuses à leurs bords; les pétales un peu crénelées au sommet, blancs à leur onglet; les capsules, globuleuses et mucronées; les semences, ovales, luisantes, comprimées, d'un jaune pâle [1].

La médecine ne fait usage que des semences de cette plante. Elles sont inodores; leur saveur est fade et devient mucilagineuse quand on les mâche. On en retire une huile douce, très-onctueuse, et un mucilage doux, très-abondant, dont l'eau s'empare par infusion, et même par simple macération. M. Vauquelin pense que le mucilage est composé d'une matière gommeuse, unie à une substance de nature animale, à de l'acide acétique libre, et à plusieurs sels, parmi lesquels figurent l'acétate et le muriate de potasse, auxquels ce célèbre chimiste attribue la propriété diurétique de la graine de Lin.

La nature de l'huile et le mucilage, dont ces semences sont composées, les rendent éminemment adoucissantes, relâchantes, émollientes, lubrifiantes, antiphlogistiques, et très-propres à diminuer l'état d'excitation des propriétés vitales organiques. On les emploie aussi avec le plus grand succès, pour opérer toute espèce de médication atonique, soit générale, soit locale. L'usage de leur infusion aqueuse a été très-utile dans les hémorragies actives et dans une foule de maladies aiguës ou chroniques, accompagnées de douleur, de chaleur et d'irritation. On s'en est particulièrement bien trouvé dans la constipation, la goutte, les hernies étranglées, dans l'enrouement, les aphtes, etc. En général, l'infusion de ces semences convient, comme boisson, dans tous les cas où il faut ramener les propriétés vitales à leur état normal et faire cesser leur surexcitation. Toutefois, il faut avoir soin qu'elle ne soit ni trop visqueuse, ni trop consistante, afin qu'elle ne fatigue pas l'estomac; pour la même raison, il est utile de l'édulcorer et de l'aromatiser convenablement. — Les semences du Lin, écrasées et cuites dans l'eau ou le lait, forment des cataplasmes émollients qu'on applique chaque jour avec le plus grand succès, comme adoucissants, maturatifs et résolutifs, sur les plaies et les ulcères compliqués de douleur et d'inflammation, sur les tumeurs et les engorgements inflammatoires, les panaris, les furoncles, etc. [1].

Peu de plantes sont aussi utiles à l'homme que le Lin. Les fortes fibres qui enveloppent sa tige fournissent des fils longs, blancs et soyeux, dont on se sert pour fabriquer des tissus de toute espèce, depuis la fine batiste et les dentelles renommées de Valenciennes, de Malines et de Bruxelles, jusqu'aux toiles les plus grossières qui servent à nos usages journaliers. De ses graines, on exprime une huile siccative employée pour l'éclairage, dans la composition de plusieurs vernis, et surtout dans la peinture.

[1] Poiret.

[1] *Flore médicale.*

Dans les arts mécaniques, elle est en usage pour lubréfier les ressorts et pour adoucir le frottement des rouages des machines.

La pâte solide qui reste sous le pressoir, après l'extraction de l'huile, sert à engraisser la volaille et les bestiaux; enfin, le fumier produit par les animaux qui s'en nourrissent, est d'une grande valeur pour l'agriculture.

Le Lin nous vient des plateaux de la haute Asie, où on le trouve encore à l'état sauvage. Il paraît avoir été apporté à Rome pendant la période impériale. De là, sa culture s'étendit à l'occident de l'Europe, lorsque les besoins d'une civilisation plus raffinée firent adopter des vêtements de fil; mais elle s'est surtout développée dans les climats où la température est peu élevée, tels que la Belgique, la Hollande, le nord de la France, l'Angleterre et la Russie. Riga est encore renommé pour la beauté de ses produits en ce genre. La culture du Lin fut florissante en France, dans le XVIIᵉ siècle, sous le ministère Colbert. A cette époque, nous fournissions des toiles à l'Espagne et à ses colonies de l'Amérique du Sud, tandis que l'Angleterre et la Hollande nous en achetaient pour leur consommation particulière et pour l'équipement de leur marine. Depuis le XVIIᵉ siècle, la culture du Lin s'est développée dans les pays plus avancés que nous en agriculture, et les produits de la Belgique et de la Hollande sont plus renommés que les nôtres et peuvent être donnés à plus bas prix.

Le Lin filé constitue aujourd'hui, dans la plupart des contrées de l'Europe, la matière première d'immenses manufactures. L'extraction de la fibre, et sa transformation en étoupe propre au filage, exigent plusieurs opérations. Cette fibre est composée de longs filaments ligneux, agglutinés entre eux par une matière gélatineuse que les chimistes appellent *pectine*, et dont il faut la débarrasser par le *rouissage*. Il faut ensuite soumettre la tige au broyage, pour séparer les fibres de la paille qu'elles enveloppent [1].

Le Lin se sème ordinairement au Printemps, quelquefois en Automne, auquel cas on doit employer la variété dite *Lin d'Hiver*, spéciale pour cette saison. Les semis se font à la volée, dans une terre légère très-meuble, préparée par de bons labours, en tous sens, et amendée avec des engrais riches et consommés; enfin disposée en planches bombées, s'il faut donner aux eaux la facilité de s'écouler. On herse ensuite et l'on passe le rouleau; quelques sarclages sont les seuls soins qu'exige le nouveau plant, tant que son peu d'élévation permet de le faire. Si l'on sème dru en terre légère, on obtiendra de plus belle filasse; la graine sera plus abondante et meilleure, si l'on sème clair en terre forte.

On arrache le Lin, lorsque les tiges et les capsules ont pris une couleur jaune et que les premiers se dépouillent de leurs feuilles. On le met debout, en petits faisceaux liés par le sommet, pour le faire sécher; on sépare la graine aussitôt après l'arrachage, en battant avec précaution les sommités des tiges, ou en les faisant passer entre les dents d'une espèce de rateau; les tiges se mettent ensuite à rouir, soit à l'eau, soit sur le pré. La quantité de graine à semer varie, selon les diverses destinations des semis, le terrain, etc., entre 100 à 175 kil. à l'hectare [2].

[1] *Magasin Pittoresque*, Avril 1856
[2] *Bon Jardinier.*

<h2 style="text-align:center">EXPLICATION DE LA PLANCHE.</h2>

Nᵒ 1. Étamines et pistil.
   2. Pétale.
   3. Fruit entier.
   4. Graine.
   5. Graine grossie.
   6. Fruit coupé horizontalement.

**VERBASCUM THAPSUS.** Scrofularinée (Brown.)
Bouillon blanc

# BOUILLON-BLANC.

*Latin*..... VERBASCUM MAS LATIFOLIUM LUTEUM Tournefort, Classe II, Infondibuliforme.
VERBASCUM THAPSUS Linné, Classe V, Pentandrie monogynie.
*d.*°       Jussieu, Classe VIII, Ordre VIII, Solanées.
*Espagnol*. GORDOLOBO.
*Français*. MOLÈNE, BONHOMME, HERBE DE SAINT-FIACRE.
*Anglais*... MULLEIN, HIGH TAPER.
*Allemand*. WOLKRAUT, HIMMELBRAND.

---

Le mot *Verbascum* donné à cette plante est altéré, dit-on, de *Barbâ cum*, qui exprime la barbe, les poils dont presque toutes les parties sont couvertes.

La racine blanchâtre, dure et comme ligneuse, s'enfonce assez profondément dans le sol, jetant çà et là des ramuscules.

La tige est droite, ordinairement simple, très-feuillée, cylindrique, grosse, ferme, couverte d'un duvet grisâtre extrêmement épais.

Les feuilles radicales sont très-amples, étalées à terre en rosette et soutenues par de courts pétioles; les caulinaires, moins volumineuses, sont peu ouvertes, sessiles, et même courant sur la tige. Ces feuilles sont alternes, ovales-oblongues; elles ont l'épaisseur et le moelleux d'un morceau de drap, d'où lui vient probablement le nom français de Molène ou Mollène.

Les fleurs forment, autour de la tige et jusqu'à son sommet, un long et bel épi jaune, dense et comme thyrsoïde. Chaque fleur présente : un calice monophylle, à cinq divisions profondes, ovales, aiguës; une corolle monopétale en roue dont le tube est très-court, le limbe évasé, presque plane, à cinq lobes légèrement inégaux, ovales obtus; cinq étamines dont trois sont un peu plus courtes que les deux autres; un ovaire supérieur duquel s'élève un style filiforme terminé par un stigmate obtus.

Le fruit est une capsule ovoïde entourée par le calice, divisée en deux loges qui s'ouvrent par le haut et sont remplies de graines menues et anguleuses [1].

[1] Poiret.

On croit que le Bouillon-blanc est originaire des pays chauds, du moins il y montre beaucoup plus de vigueur, et s'élève parfois jusqu'à la hauteur de deux mètres; tandis que dans les contrées froides, il acquiert à peine le tiers de cette élévation. On le trouve en abondance dans les champs, les endroits pierreux et sablonneux, sur le bord des chemins, dans les décombres.

Ses qualités physiques sont en général assez faibles; l'odeur des feuilles fraîches a quelque chose de narcotique; la saveur est herbacée, avec une légère amertume.

Les bestiaux refusent de brouter la Molène; et, si l'on jette des graines de cette plante dans un vivier, le poisson, frappé d'étourdissement, se laisse prendre à la main. Les racines, au contraire, pilées et mêlées à la drèche, engraissent promptement la volaille.

Si les médecins négligent trop le Bouillon-blanc, il est en revanche un remède domestique employé de toute part depuis fort longtemps. Le docteur Gilibert a développé, trop longuement peut-être, les vertus de cette plante. D'après lui, le Bouillon-blanc recèle un principe narcotique assez marqué pour n'en craindre aucun mauvais effet. La décoction des feuilles est très-bonne pour la dyssenterie. L'infusion des fleurs est le meilleur adoucissant des irritations de la membrane muqueuse intestinale; elle procure un soulagement notable dans les ardeurs de poitrine, les toux convulsives des enfants, les coliques, enfin dans toutes les maladies dont l'indication consiste à modérer les spasmes et l'érhétisme. La conserve des fleurs de Bouillon-blanc, appliquée sur les dartres rongeantes et sur les ulcères douloureux, diminue les démangeaisons. On a souvent eu occasion d'observer la vertu calmante des feuilles et des fleurs, bouillies légèrement dans l'eau ou dans le lait, et employées en vapeur, en fomentation, et plus ordinairement sous forme de cataplasme, sur des furoncles, des panaris, des brûlures [1].

Dans certains pays, on recouvre de poix les longues et fortes tiges de cette plante, pour en faire des torches; tandis que le coton qui les revêt peut remplacer l'amadou comme le duvet de l'armoise, ou servir à la préparation du moxa.

On peut ranger la Molène parmi les plantes tinctoriales; d'après Boissieu, elle communique aux laines une nuance de Vigogne jaunâtre. On peut multiplier cette plante par graines en terre légère et chaude.

Le genre *Verbascum* renferme plusieurs espèces qui nous paraissent dignes d'être citées.

[1] *Flore médicale.*

Le *Verbascum nigrum* L., Bouillon-noir, est plus beau que le Bouillon-blanc et possède sans contredit des qualités particulières que discernent mieux que nous de chétifs insectes. En effet, les abeilles recherchent plus avidement le suc de ses fleurs que celui des autres espèces, et la chenille, qui ronge la Molène blanche, n'attaque jamais la noire [1].

Le *Verbascum Lychnitis* L., Petit Bouillon-blanc, doit sa dénomination spécifique aux Anciens, qui en faisaient des mèches. On regarde la fleur et surtout la racine comme antictériques.

Le *Verbascum blattaria* L., Herbe aux Mites, chasse, dit-on, les insectes qui détruisent les étoffes, les livres, la farine; les fleurs sont jaunes, quelquefois blanches [2].

[1] Peyrilhe.
[2] Gilibert.

## EXPLICATION DE LA PLANCHE.

N° 1. Calice et pistil.
  2. Corolle ouverte, dans laquelle on distingue cinq étamines, deux longues et trois courtes, à filets velus.
  3. Pistil.
  4. Capsule ou fruit entouré du calice.
  5. Fruit coupé transversalement.

**SAMBUCUS NIGRA** L. (Caprifoliacée.)
Sureau.

Lith: G. Chariol. Bord<sup>x</sup>

Dessiné et Lith. par. Ath. G<sup>on</sup>

# SUREAU.

---

*Latin......* { SAMBUCUS Tournefort, Classe XX, Section VI, Genre I.<br>SAMBUCUS NIGRA Linné, Pentandrie tryginie.<br>d.º     Jussieu, Classe XI, Ordre III, Famille des Chèvrefeuilles.

*Espagnol.* SAUCO.
*Anglais...* COMMON ELDER.
*Allemand.* HOLDER ; FLIEDER.

Le Sureau est un arbrisseau indigène qui s'élève à la hauteur de quatre à cinq mètres. Son écorce est de couleur cendrée; son bois blanc et cassant; ses rameaux verts, fistuleux, remplis d'une moelle abondante très-blanche.

Les feuilles sont pétiolées, opposées, ailées avec une impaire, glabres, d'un vert foncé, composées de cinq à sept folioles opposées, ovales-lancéolées, dentées en scie, acuminées.

Les fleurs sont blanches, odorantes, petites et nombreuses, disposées en un ample corymbe terminal, presque en ombelle, sur des pédoncules partiels et rameux.

Leur calice est glabre, fort petit; leur corolle a cinq lobes concaves, obtus; les baies succulentes, un peu globuleuses, d'abord rouges, puis noires en mûrissant [1].

L'écorce moyenne du Sureau est inodore; mais elle est remarquable par sa couleur verte, et par sa saveur douceâtre, amère, âcre et nauséeuse. L'odeur de ses feuilles est fétide et très-repoussante lorsqu'on les froisse, et leur saveur est herbacée et nauséeuse. On connaît la saveur amère des fleurs, et surtout l'odeur aromatique, fragrante, qu'elles exhalent dans l'état frais, comme après la dessiccation, odeur qui, suave au premier abord, devient bientôt fatigante et nauséabonde. Quant aux baies, elles sont inodores, d'un goût acidulé, et renferment une pulpe molle, de couleur pourpre, qu'elles communiquent à la salive et à divers tissus. Lorsqu'elles sont desséchées, elles sont improprement désignées sous le nom de graines de Sureau. Les véritables semences de cet arbre sont très-petites et renferment une certaine quantité d'huile grasse. Les fleurs de Sureau fournissent une très-petite quantité

[1] Poiret.

d'huile volatile. Par la distillation, l'eau et l'alcool se chargent de leur arôme et de leurs qualités actives.

Toutes ces parties, dont les propriétés physiques semblent indiquer une action très-prononcée sur l'économie animale, agissent à la manière des toniques amers et aromatiques, en excitant l'action des organes, et toutes sont plus ou moins vomitives et purgatives; cependant les fleurs ne produisent cet effet que dans l'état frais. Lorsqu'elles sont desséchées, elles agissent plus particulièrement sur les exhalants cutanés, et augmentent la transpiration. Les meilleurs praticiens s'accordent à regarder, sous ce rapport, leur infusion comme très-utile à l'invasion des catarrhes pulmonaires, du coryza, de l'angine et autres affections, soit du poumon, soit de l'intestin, qui tiennent à la suppression de la transpiration. Comme topique, on les applique, soit en infusion, soit dans des sachets, sur les engorgements pâteux des articulations, sur des tumeurs froides, pour en opérer la résolution.

Les baies sont manifestement purgatives; mais comme légèrement excitantes, on leur a également accordé des propriétés sudorifiques et apéritives; le rob qu'on en prépare a été surtout préconisé comme sudorifique et même propre à combattre les rhumatismes. Quant aux semences, elles passent pour être laxatives.

L'écorce et les feuilles du Sureau en sont les parties les plus énergiques; elles excitent le vomissement et purgent avec violence; elles produisent même quelquefois une si grande secrétion du mucus intestinal et des évacuations alvines si abondantes, qu'il en résulte un état de débilité et de somnolence qu'on a attribué à la vertu narcotique de ce végétal, mais qui pourrait bien n'être que l'effet de la violente irritation qu'elles déterminent sur le canal intestinal. Cette écorce, ainsi que les feuilles, peuvent être administrées, à la dose de 32 grammes, en décoction dans un kilo. d'eau ou de lait. Leur suc exprimé purge, à la dose de 4 à 16 grammes; les baies, ainsi que le rob qu'on en prépare, produisent le même effet, à la dose de 4 à 16 grammes. On administre les feuilles en infusion théïforme convenablement édulcorée[1].

Le Sureau croît avec facilité dans toute sorte de terrains, quoiqu'il préfère les sols un peu humides et les haies, où il produit un très-bel effet par son feuillage élégant et par ses jolies fleurs d'une odeur douce, d'une blancheur éclatante, relevée par le vert-foncé des feuilles. On en cultive plusieurs variétés, parmi lesquelles nous citerons : le *Sambucus cannabifolia*, S. à feuilles de chanvre, variété curieuse par ses folioles panachées, profondément découpées et réduites aux seules nervures par l'avortement du parenchyme; elle fleurit presque toute l'année et se reproduit souvent de graines; le *Sambucus rotundifolia* Hort., S. à feuilles rondes, à fleurs blanches, doubles; le *Sambucus racemosa*, S. à grappes, fleurs jaunâtres, disposées en grappe ovale, fruits rouges de beaucoup d'effet; le *Sambucus canadensis* Mich., S. du Canada, à ombelle de fleurs larges, doubles; on l'appelle encore *Sureau de tous les mois*, parce que les fleurs durent et se succèdent longtemps[1].

Le bois de Sureau, à cause de sa dureté, est utile aux tourneurs et aux tabletiers, pour plusieurs ouvrages. Les fleurs, lorsqu'on les fait fermenter avec le vin, donnent à ce liquide une odeur de muscat très-agréable, et les marchands de vin s'en servent très-souvent, sous ce rapport, pour fabriquer du vin de Frontignan. On dit que les baies de Sureau tuent les poules, et que les fleurs sont funestes aux dindons. L'ombre de cet arbre passe pour être dangereuse pour l'homme. Les oiseleurs tirent grand parti de ses baies, qui sont avidement recherchées par la plupart des oiseaux, pour les attirer et les prendre dans leurs filets[2].

Les Sureaux reprennent si facilement de boutures qu'on ne les multiplie guère autrement, quoique les semis réussissent très-bien.

On récolte la fleur de Sureau au mois de Mai ou Juin, au moment où les pétales viennent de s'ouvrir.

[1] *Flore Médicale.*

[1] *Bon Jardinier.*
[2] Chamberet.

<br>

## EXPLICATION DE LA PLANCHE.

No 1. Graine.
2. Fruit coupé horizontalement.
3. Fruit de grosseur naturelle.
4. Corolle renversée.
5. Fleur entière grossie.
6. Calice.

BORDEAUX. — IMPRIMERIE DE TH. LAFARGUE, LIBRAIRE, RUE PUITS DE BAGNE-CAP, 8.

Lith: G. Charlot Bord*     Lith. par Ath. Gard.

Gérard.

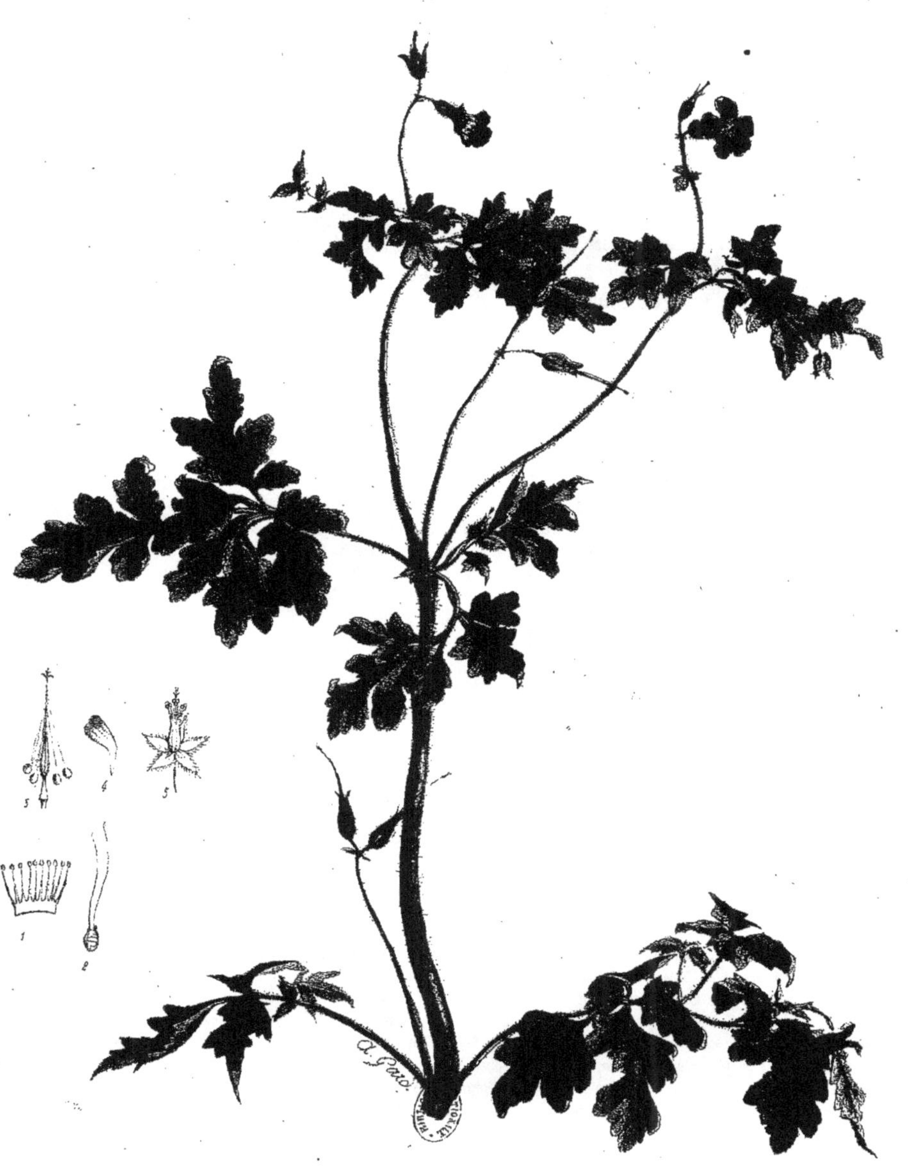

**GERANIUM ROBERTIANUM** L. (Geraniée.)

Herbe à Robert.

# GÉRANIUM

## ( HERBE A ROBERT ).

*Latin.....* GERANIUM ROBERTIANUM PRIMUM Tournefort, Classe VI, Rosacée.
GERANIUM ROBERTIANUM Linné, Classe XVI, Monadelphie décandrie.
*d.°* Jussieu, Classe VIII, Ordre XIII, Géraniée.
*Espagnol.* GERANIO ; PICO DE GRULLA.
*Anglais...* FETID CRANE'S BILL.
*Allemand.* STORCHNABEL.

Le caractère de ce genre est facile à reconnaître. Il consiste particulièrement dans le fruit à cinq capsules rapprochées, et prolongées en un long bec que l'on a comparé à un bec de grue; mais la corolle varie dans la forme et la disposition de ses pétales; les étamines, dans le nombre de leurs filaments ( de 5 à 10), dont plusieurs sont quelquefois stériles.

Les racines de la plante dont il est ici question sont grêles, rameuses, d'un blanc jaunâtre.

Elles produisent des tiges hautes d'environ 30 à 35 centimètres, noueuses, un peu velues, rameuses, rougeâtres.

Les feuilles sont opposées, pétiolées, ailées ou pinnatifides, parsemées de poils blanchâtres, à grosses dentelures obtuses; des stipules courtes, aiguës, élargies à leur base.

Les fleurs sont axillaires, portées deux à deux sur des pédoncules bifides, plus longs que les pétioles.

Le calice est pileux, rougeâtre, ventru, marqué de dix stries, à cinq folioles, terminées chacune par un filet.

La corolle, d'un rouge incarnat, quelquefois blanchâtre, a cinq pétales ouverts, entiers, plus longs que le calice, renfermant dix étamines alternativement plus courtes, toutes fertiles; cinq stigmates.

Le fruit est composé de cinq capsules glabres, marquées de rides transversales ou réticulées, surmontées de filets capillaires [1].

Le *Geranium Robertianum* se rencontre en abondance dans les lieux secs, le long des haies; on en voit souvent sur les vieilles murailles, dont les tiges et les feuilles sont entièrement rouges. Cette plante répand, dans l'état frais, une odeur désagréable, hircinienne, selon Linné, bitumineuse, d'après Macquart. Sa saveur est un peu amère et légèrement austère; mais la nature astringente de cette plante se manifeste surtout, par le précipité noir que le sulfate de fer détermine dans sa décoction.

C'est sans doute à ses qualités physiques, plutôt qu'à l'observation sévère de son influence sur l'économie animale, que l'Herbe à Robert a dû les propriétés vulnéraires et résolutives dont elle a été décorée. Au rapport d'Haller, on en a fait usage contre les hémorrhagies et dans les fièvres intermittentes; mais les succès qu'on lui attribue ne reposent que sur des opinions vagues, ou sur des assertions dénuées de preuves.

Cette plante, réduite en poudre, a été directement introduite dans les fosses nasales, pour arrêter les saignements de nez; on l'a appliquée sur les plaies et sur les ulcères, pour les déterger. Sous forme de cataplasmes, elle a été préconisée dans le traitement des gerçures et même contre le cancer. Les Allemands ont cru longtemps à la toute-puissance de ses applications locales dans l'érysipèle qui guérit, comme on sait, beaucoup plus sûrement sans aucune espèce de topique. Enfin, elle a été recommandée contre l'œdème. Mais toutes ces vertus et beaucoup d'autres tout aussi illusoires, ou au moins tout aussi peu constatées, ne reposent sur aucune expérience clinique; de sorte que les propriétés médicales de cette

[1] Poiret.

plante auraient besoin d'être soumises à de nouvelles recherches.

Les bergers Suédois l'emploient au traitement de l'hématurie des bestiaux, avec le même succès, sans doute, qu'elle l'a été en France contre les chutes violentes. Au rapport de Linné, son suc chasse les punaises [1].

Les Géraniums d'orangerie, comprenant les genres *Pelargonium* et *Erodium* sont d'une culture très-facile. Parmi les *Erodium*, on ne cultive guere que l'*Erodium incarnatum* ou *punctatum*, dont les fleurs, quoique les plus grandes du genre, ne sont pas séduisantes.

Il en est de même, à peu près, des Géraniums, à l'exception du Palmatum, arbuste à grandes fleurs lilas.

[1] Chaumeton.

Les *Pelargonium*, au contraire, ont fourni un très-grand nombre d'espèces, presque toutes originaires du Cap, à fleurs grandes, gracieuses, richement colorées, et très-recherchées de tous les amateurs. Les deux noms génériques, *Geranium* et *Pelargonium*, viennent de deux mots grecs, dont l'un signifie *grue* et l'autre *cigogne*, parce que les fruits des plantes auxquelles on a donné ces noms, ont quelque ressemblance avec le bec de ces oiseaux. Les vrais Géraniums ont la fleur parfaitement régulière, tandis que les Pélargoniums ont leurs pétales inégaux et irréguliers [1].

[1] *Bon Jardinier*.

## EXPLICATION DE LA PLANCHE.

N° 1. Tube des étamines, ouvert.
2. L'une des capsules.
3. Colonne péricarpique autour de laquelle étaient les cinq petites capsules que l'on voit détachées.
4. Pétale.
5. Calice, étamine et pistil.

BORDEAUX. — IMPRIMERIE DE TH. LAFARGUE, LIBRAIRE, RUE PUITS DE BAGNE-CAP, 8.

**FRAGARIA VESCA** L. (Rosacée.)
Fraisier.

# FRAISIER.



*Latin*..... Fragaria vulgaris Tournefort, Classe VI, Rosacées.
        Fragaria vesca Linné, Classe XII, Icosandrie Polyginie.
        *d.°*      Jussieu, Classe XIV, Ordre X, Rosacées.
*Espagnol.* Fresal.
*Anglais*... Strawbery.
*Allemand.* Erdbeere.

Malgré les nombreuses variétés obtenues par la culture, le Fraisier des Bois est presque la seule espèce de son genre, très-voisine des *Potentilles;* il n'en diffère essentiellement que par le réceptacle de ses semences, qui s'agrandit après la floraison, et devient pulpeux, succulent, coloré et caduc. Son calice est ouvert à dix découpures, cinq alternes plus petites; la corolle a cinq pétales; un grand nombre d'étamines insérées sur le calice; des styles nombreux.

Ses racines sont noirâtres et fibreuses; elles produisent des rejets ou coulants, qui rampent sur terre et poussent de nouvelles racines.

De chaque nœud enraciné sortent des tiges grêles, velues, et des feuilles longuement pétiolées, composées de trois folioles ovales, presque soyeuses en dessous, profondément dentées.

Les fleurs sont blanches, pédonculées, terminales; les pétales arrondis; le fruit est une sorte de baie pulpeuse [1].

Le fraisier est inodore; sa racine est légèrement stiptique, dans l'état frais, et devient un peu amère par la dessiccation. Les feuilles ont un goût herbacé légèrement austère. Les fruits, remarquables par leur forme globuleuse, leur belle couleur rouge, leur odeur flagrante très-suave, et par une saveur aromatique, douce, acidulée, extrêmement agréable, flattent à la fois, selon l'expression de M. Chaumeton, la vue, le goût et l'odorat. C'est à ce suave parfum qu'est due la dénomination du Fraisier, qui se nommait autrefois *Fragier,* tandis que le fruit s'appelait *Frage.*

Les racines et les feuilles du Fraisier contiennent du tanin, dont la présence est indiquée par la couleur noire que le sulfate de fer détermine dans leur décoction. Quant aux Fraises, le plus simple examen suffit pour y constater la présence d'un principe aromatique qui passe, avec l'eau distillée, d'une grande quantité de sucre et de mucilage, et d'un peu d'acide.

Les racines et les feuilles de cette plante ont été préconisées comme apéritives, diurétiques, désobstruantes, etc. D'après l'idée vague qu'on attachait à ces expressions, on s'en est longtemps servi dans la jaunisse et pour combattre les obstructions. Toutefois, la propriété astringente, d'où dérivent toutes les vertus dont on a décoré le Fraisier, est trop peu développée dans cette rosacée, pour qu'on puisse la préférer à une foule de plantes de la même famille, beaucoup plus énergiques.

Quoique d'un caractère entièrement opposé, les qualités des baies du Fraisier sont bien plus prononcées et bien plus utiles. Leur pulpe mucilagineuse, acide et sucrée, dissoute dans l'eau, forme une boisson parfumée, adoucissante, relâchante, tempérante; elle nourrit légèrement, apaise la soif, et convient dans presque toutes les maladies aiguës et dans un grand nombre de maladies chroniques. Cette boisson est recommandable, surtout dans les fièvres inflammatoires, bilieuses et putrides, dans les embarras gastriques, dans les premiers temps des catarrhes, etc. On l'emploie avec le plus grand succès pour les dartres, la phthisie pulmonaire et autres affections accompagnées de chaleur, de soif, de sécheresse à la peau et de fréquence du pouls.

Comme substance alimentaire, les Fraises constituent un des aliments médicamenteux les plus utiles. Prises en grande quantité et pendant longtemps, elles sont susceptibles de produire, dans certaines maladies graves et rebelles, les changements les plus favorables et les plus inattendus. Elles ont souvent guéri des affections qui avaient résisté à tous les moyens illusoires de la phar-

----
[1] Poiret.

macie. Plusieurs goutteux en ont fait longtemps, avec succès, leur principale nourriture, et l'illustre Linné parvint à se garantir des attaques douloureuses de la goutte, par ce moyen. Hoffmann attribue même à l'ample usage des Fraises la guérison de plusieurs phthisies pulmonaires qui, selon la remarque de M. Chaumeton, n'étaient probablement que des catarrhes bronchiques, accompagnés de fièvre hectique. Que d'avantages ne retirerait-on pas de ces fruits dans le traitement du scorbut !

Soit qu'on mange les Fraises telles qu'elles se présentent dans la nature, soit qu'on les associe au sucre avec un peu d'eau, de crème ou de vin, elles forment un aliment aussi agréable que salubre. Cependant, un tempérament éminemment lymphatique, une puissance digestive très-affaiblie, une température froide et humide, pourraient les rendre accidentellement peu salutaires. La mollesse de leur pulpe ne permet pas de les conserver longtemps ; elles passent rapidement à la fermentation vineuse, et ensuite à la fermentation acéteuse. Elles peuvent servir à la fabrication du vin et de l'alcool. Les Fraises fournissent à la pharmacie une eau distillée aromatique, qui a été souvent employée dans les gargarismes et autres médicaments liquides. On en prépare un sirop très-agréable, des glaces délicieuses et des sorbets d'excellent goût [1].

[1] *Flore médicale.*

Le Fraisier est une plante vivace à tiges courtes, sousligneuses, peu difficile sur le choix du terrain ; les fruits demandent peu de chaleur pour venir à parfaite maturité ; c'est celui qui, sous notre climat, mûrit le premier et qui donne le plus longtemps. Il n'y a guère que la Fraise des bois et la Quatre-Saisons qui se multiplient franches par leurs graines. Il est bon de semer aussitôt que les graines sont mûres, c'est-à-dire à la fin de Juin. On choisit les plus belles Fraises, qu'on laisse bien mûrir ; on les écrase dans l'eau et au moyen de plusieurs lavages, on extrait les graines qu'on fait seulement un peu ressuyer et qu'on mêle avec de la terre très-fine et sèche. On laboure et on ameublit d'avance un petit coin de terre légère ; après l'avoir terreautée et égalisée au rateau, on la mouille avec un arrosoir à pomme, de manière à ne pas la battre ; on sème de suite sur cette terre humide la graine, le plus également possible ; ensuite on tamise, sur le tout, du terreau le plus fin. Quinze jours après, le plant lèvera, et on pourra le repiquer a l'age de six semaines ou deux mois. On peut également multiplier les Fraisiers par leurs coulants ou par éclats, en divisant les gros pieds, de manière que chaque œilleton conserve quelques racines pour faciliter la reprise [1].

[1] *Bon Jardinier.*

<h2 style="text-align:center">EXPLICATION DE LA PLANCHE.</h2>

N° 1. Coupe verticale d'une fleur.
   2. Pistil isolé.
   3. Fruit coupé dans sa longueur.
   4. Graine détachée grossie.

BORDEAUX. — IMPRIMERIE DE TH. LAFARGUE, LIBRAIRE, RUE PUITS DE BAGNE-CAP, 6.

**VIOLA ODORATA** L. (Violariée.)
Violette.

Lith: C. Chariol Bordeaux

# VIOLETTE.

*Latin.....* Viola odorata Tournefort, Classe XI, Section I, Genre II.
    *d.°*       Linné, Syngénésie monogamie.
    *d.°*       Jussieu, Classe XIII, Ordre XX, Famille des Cistes.
*Espagnol.* Violeta.
*Anglais...* Sweet violet.
*Allemand.* Maerzveilchen.

O fille du Printemps, douce et touchante image !
D'un cœur modeste et vertueux.
Du sein de ce gazon, tu remplis le bocage
De ton parfum délicieux.
Que j'aime à te chercher sous l'épaisse verdure,
Où tu crois fuir mes regards et le jour !
Au pied d'un chêne vert qu'arrose une onde pure,
L'air embaumé m'annonce ton séjour.

( *Idylle de* M^me *de* Beaufort. )

Jussieu, dans son *Genera Plantarum*, avait placé la Violette dans la famille des Cistes ; mais on en a fait depuis une famille à part dont le type est la Violette, et qui se distingue des Cistées par la corolle souvent irrégulière, cinq étamines, le stigmate renflé et concave.

Le calice de la Violette est persistant, à cinq divisions prolongées au-dessous de la base ; cinq pétales inégaux, le supérieur plus grand terminé par un éperon à la base ; les cinq étamines libres adhérentes par leurs anthères ; l'ovaire supérieur ; un style ; stigmate aigu ou en entonnoir. — Le fruit est une capsule à trois angles, à une seule loge, s'ouvrant en trois valves très-étalées ; les semences sont nombreuses et attachées le long du milieu des valves.

La racine, composée d'un grand nombre de fibres, a une saveur un peu nauséeuse et se rapproche de l'ipécacuanha par ses propriétés physiques, comme par son action sur l'économie animale ; et, à petite dose, provoque le vomissement et détermine la purgation.

Les feuilles toutes radicales longuement pétiolées, en forme de cœur, vertes, glabres, un peu obtuses à leur sommet, ont une saveur herbacée un peu amère. Bien qu'elles aient été décorées de propriétés rafraîchissantes et purgatives, elles ne sont guère employées que comme émollientes et comme topiques, soit en cataplasmes, soit en décoction [1].

Les fleurs de la Violette, remarquables surtout par la douceur et la suavité de l'odeur qu'elles exhalent à l'état frais, et qu'elles perdent en se desséchant, sont un peu amères et légèrement mucilagineuses. C'est sans doute à ces deux qualités qu'elles sont redevables de l'action purgative que certains auteurs leur attribuent. Leurs principales propriétés sont dues à l'arôme suave et flagrant dont elles sont douées, et que l'eau leur enlève, soit par la distillation, soit par simple infusion. Cet arôme exerce une impression si énergique sur le système nerveux, qu'il a quelquefois produit la céphalalgie et même l'apoplexie : on les a employées, dans certains cas, contre les affections nerveuses ou convulsives, ou comme béchiques pectorales et légèrement anodines ; on les donne en infusion théiforme dans les maladies inflammatoires de la poitrine, des membranes muqueuses, et surtout contre les affections exanthématiques.

On a tout-à-fait abandonné l'emploi des semences, qui ont joui pendant longtemps d'une certaine réputation.

On fait avec les pétales de la Violette un sirop qui conserve l'agréable odeur de cette fleur, et qui est très-utile pour aromatiser certains médicaments, particulièrement les tisanes et potions que l'on donne aux malades.

La couleur pourpre des pétales de cette fleur, séparée par le moyen de l'eau, sert, dans les laboratoires de chimie, comme réactif pour reconnaître la présence des acides qui la rougissent et des alcalis qui la colorent en vert.

[1] Poiret.

Pour les usages de pharmacie, on ne récolte les fleurs de la Violette simple qu'au mois de Mars, pour les sécher et en préparer un sirop. Quant aux autres parties de la plante, on peut se les procurer en toute saison; il est donc inutile de fixer une époque pour les cueillir [1].

On trouve les Violettes en abondance dans les bois, dans les champs, les prés humides; on en rencontre plusieurs variétés, parmi lesquelles nous citerons la Violette hérissée, la Violette de Chien, la Violette fer-de-lance, et la Pensée, dont les semis successifs ont produit des fleurs admirables, qui sont, de nos jours, l'ornèment de tous

[1] *Flore médicale.*

les jardins. — La Pensée sauvage est regardée comme dépurative par un grand nombre de praticiens distingués.

Les Violettes s'accommodent facilement de tous les terrains, mais elles demandent l'ombre; on les multiplie de graines, et mieux par la division des touffes, à l'Automne et au Printemps. — Les environs de Toulouse sont renommés pour produire les plus belles Violettes; aussi, la culture de cette plante a-t-elle pris, dans ces derniers temps, une grande extension. — Les fleurs très-grosses, très-doubles, du plus joli violet, et portées sur de longs pédoncules, sont expédiées à Paris, pour servir à la confection des bouquets.

## EXPLICATION DE LA PLANCHE.

N° 1. Calice, étamines, pistil.
   2. Fruit tel qu'il s'ouvre dans sa maturité.
   3. Anthère sessile, très-grossie.
   4. Fruit entier, accompagné de son calice persistant.

BORDEAUX. — IMPRIMERIE DE TH. LAFARGUE, LIBRAIRE, RUE PUITS DE BAGNE-CAP, 8.

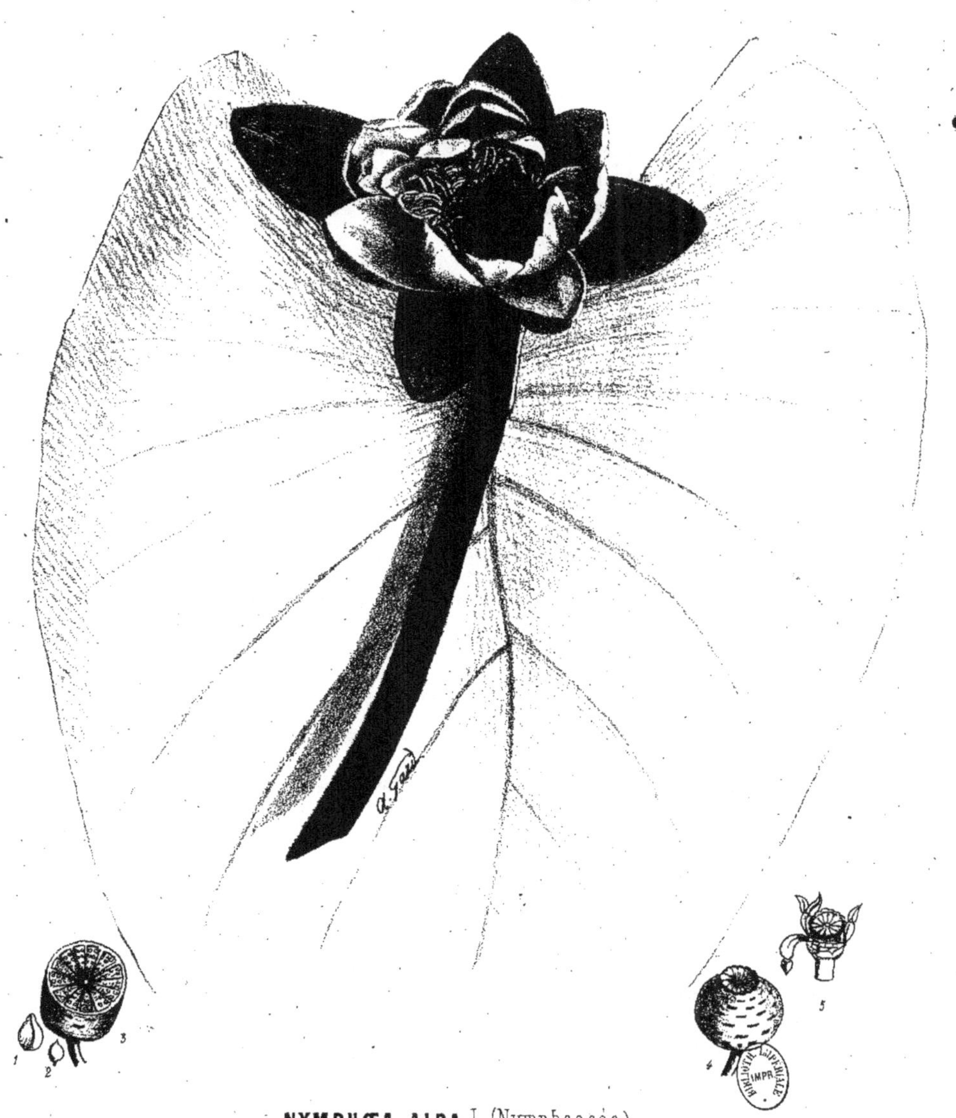

## NYMPHŒA ALBA L. (Nympheacée.)
Lis des Etangs.

# NÉNUPHAR.

---

<table>
<tr><td rowspan="3">Latin.....</td><td>NYMPHÆA ALBA MAJOR Tournefort, Classe VI, Section IV, Genre IX.</td></tr>
<tr><td>NYMPHÆA ALBA Linné, Polyandrie, Monogynie.</td></tr>
<tr><td>d.°         Jussieu, Classe XIV, Ordre IV, Famille des Hydrocharidées[1].</td></tr>
</table>

*Espagnol.* NENUFAR BLANCO.

*Anglais*... WITE WATER LILY.

*Allemand*. WEISSE SEEBLUME.

Le caractère essentiel du Nénuphar consiste dans un calice à quatre ou cinq grandes folioles colorées, persistantes; les pétales nombreux, placés sur plusieurs rangs; un grand nombre d'étamines plus courtes que la corolle; un ovaire à demi supérieur, couronné par un stigmate sessile, radié, en forme de chapeau; le fruit est une baie sèche, à plusieurs loges, contenant un grand nombre de semences renfermées dans chaque loge, et attachées aux cloisons.

Ses racines sont très-longues, blanches, épaisses, nerveuses, et charnues, couvertes d'écailles brunes.

Les feuilles sont portées sur de très-longs pétioles; elles s'épanouissent à la surface des eaux en une lame très-grande, ovale, lisse, glabre, coriace, échancrée en cœur, entière à ses bords.

Les hampes ou pédoncules sont simples, épais, de la longueur des pétioles; ils se terminent par une grande et belle fleur blanche, composée de pétales nombreux, placés sur plusieurs rangs, inégaux, de la longueur et même plus longs que le calice; les filaments des étamines sont élargis et pétaliformes.

Le fruit est une capsule sèche assez grosse, un peu globuleuse, couronnée par le stigmate[2].

Les semences, les fleurs, les feuilles et la racine de cette plante ont été jadis en usage, mais sont aujourd'hui entièrement tombées en oubli. La racine est de la grosseur du bras, d'un tissu spongieux, d'une couleur blanche lorsqu'elle est récente et brune après la dessication. Sa saveur est amère légèrement astringente. Son extrait aqueux joint à ces deux qualités un goût manifestement salé. Les feuilles et les semences inodores, comme la racine, offrent une saveur visqueuse; il en est de même des fleurs dont l'odeur est nauséabonde dans l'état frais, et qui contiennent environ un quart de leur poids de mucilage insipide.

Rien n'est plus vague, plus hypothétique, ni plus contradictoire, que les idées qui se sont accréditées sur la puissance de cette plante. Sa réputation comme réfrigérente remonte à l'antiquité la plus reculée.. Du sein des cloîtres, la prodigieuse renommée des miracles du *Nymphœa*, s'est répandue dans toutes les classes du peuple, et depuis l'homme du monde jusqu'à la dernière garde-malade, il n'est personne qui ne s'imagine de donner de solides preuves de ses connaissances en médecine, en signalant ce végétal aquatique, comme la vraie sauvegarde de la chasteté. Les qualités amères et styptiques dont la racine est douée, prouvent, au contraire, qu'au lieu d'agir comme réfrigérente, elle est bien plus propre à agir comme excitante à la manière des toniques et des amers. On sait d'ailleurs que dans l'état frais, elle rougit la peau sur laquelle on l'applique, et qu'elle y détermine même l'inflammation; or, comment concilier une semblable action irritante avec la singulière vertu qu'on lui suppose?

Les fleurs du *Nymphœa*, à cause de leur odeur nauséeuse, pourraient être soupçonnées de quelques propriétés narcotiques; pour le moment il faut se borner à

---

[1] Aujourd'hui, famille des Nymphéacées.

[2] Poiret.

les placer parmi les substances émollientes, relâchantes et rafraîchissantes, sans qu'on puisse leur attribuer, sous ce rapport, plus de puissance qu'aux autres plantes mucilagineuses que nous possédons; aussi, l'eau distillée, le sirop, l'huile de Nénuphar et une foule d'autres compositions ridicules, n'ont jamais eu aucune utilité réelle.

Les Égyptiens, qui avaient consacré le Nénuphar au soleil, ont représenté cette plante aquatique sur la tête des statues d'Osiris et des prêtres de ce dieu. Leurs rois, à l'exemple des despotes de tous les temps et de tous les lieux, affectant la divinité aux yeux des peuples stupides, se faisaient des couronnes avec les fleurs de cette plante. Dans quelque contrée de la Suède, sa racine, associée à la seconde écorce du pin, et sans doute à quelques substances farineuses, sert à faire du pain dont se nourrissent les pauvres cultivateurs dans les temps de disette [1].

Les graines, dont la structure est si remarquable par l'existence d'un périsperme interne qui forme un petit sac autour de l'embryon, peuvent rendre quelques services par la masse du périsperme farineux auquel on a eu quelquefois recours en temps de disette. Dans l'Amérique méridionale, on mange ainsi et l'on connaît sous le nom de *Maïs d'eau*, celles de la plus belle des Nymphéacées dédiée à la Reine d'Angleterre, la *Victoria regia* [2].

Les belles plantes de la famille des Nymphéacées ont été

[1] *Flore médicale.*
[2] De Jussieu.

jusqu'ici peu en faveur auprès des horticulteurs du continent; cela tient à leur nature de plantes aquatiques, qui exige, pour qu'elles prennent tout leur développement, des bassins d'une certaine étendue, des *aquarium* pour nous servir du terme propre. D'un autre côté, la plupart de ces plantes, venant des contrées tropicales, demandent l'aide de la chaleur artificielle, au moins une partie de l'année, sous notre climat.

C'est à l'arrivée du *Victoria regia* en Europe, que les Nymphéacées doivent d'être mises en honneur comme plantes d'ornement, et elles justifient de la manière la plus complète l'intérêt dont elles commencent à être l'objet. Pour élever la gigantesque plante de l'Amazône, dédiée à la Reine d'Angleterre, il a fallu créer des *aquarium* dans les serres ou agrandir ceux qui existaient déjà, et pour tirer tout le parti possible de l'espace occupé par ces bassins, on a eu l'idée de lui adjoindre les autres plantes de la même famille, qui toutes s'accommodent de la même culture. Il est aujourd'hui tel jardin en Angleterre, en Belgique, en Allemagne, où l'*aquarium* avec sa légion de plantes aquatiques, a acquis une importance égale à celle des serres elles-mêmes.

Toutes les espèces de Nénuphar ont besoin d'éprouver une période de repos; et pour le leur donner, on conserve les rhizômes dans la vase humide durant l'hiver, puis on les submerge au Printemps [1].

[1] *Bon Jardinier.*

## EXPLICATION DE LA PLANCHE.

N° 1. Graine grossie.
   2.   d.°    grosseur naturelle.
   3. Fruit coupé horizontalement.
   4. Fruit entier.
   5. Pistil accompagné de quelques étamines.

BORDEAUX. — IMPRIMERIE DE TH. LAFARGUE, LIBRAIRE, RUE PUITS DE BAGNE-CAP, 8.

**HYOSCYAMUS NIGER.** L. (Solanée.)
Jusquiame.

Lith: G. Chariol Bord<sup>x</sup>

# JUSQUIAME.

Latin..... { HYOSCIAMUS VULGARIS Tournefort, Classe II, Section I, Genre III.
HYOSCIAMUS NIGER Linné, Pentandrie monogynie.
d.° Jussieu, Classe VIII, Ordre VIII, Famille des Solanées.

Espagnol. VELENO.
Anglais... HENBANE.
Allemand. BILSENKRAUT.

La Jusquiame appartient à la famille suspecte de Sola-nées et se caractérise par un calice tubulé, persistant, à cinq lobes; une corolle presque campanulée; le tube court; le limbe partagé obliquement en cinq découpures inégales; cinq étamines; un ovaire supérieur surmonté d'un seul style et d'un stigmate en tête. Le fruit est une capsule ovale, obtuse renflée à sa base, creusée d'un sillon sur chaque côté, s'ouvrant horizontalement vers son sommet. Les semences sont fort nombreuses.

Les racines sont épaisses, radiées, peu ramifiées, brunes en dehors, blanches en dedans; elles produisent une tige velue, haute de 40 à 60 centimètres, épaisse, rameuse, cylindrique.

Les feuilles sont fort amples, alternes, amplexicaules, molles, cotonneuses, minces, ovales lancéolées, et décou-pées profondément à leur bord.

Les fleurs sont presque sessiles, disposées sur les ra-meaux en longs épis feuillés, toutes tournées du même côté; la corolle est jaune pâle à son limbe, traversée par des veines d'un pourpre noirâtre à l'orifice du tube [1].

La Jusquiame se trouve communément aux bords des chemins et se plaît parmi les décombres et les lieux incul-tes. Tout, dans cette plante, contribue à nous donner sur ses qualités des idées peu favorables; un feuillage d'un vert pâle et livide, couvert d'un duvet visqueux; une odeur vireuse et nauséabonde, une saveur fade, semblent indiquer d'avance la nature délétère des propriétés dont sa racine, ses feuilles et ses semences sont douées. On en retire de l'huile volatile, une matière extractive et une

[1] Poiret.

résine; ses graines fournissent en outre par expression, une certaine qualité d'huile grasse.

La Jusquiame sert exclusivement de nourriture à une espèce de punaise très-puante, *Cimex hyosciami* L.; les chèvres et les vaches la broutent sans inconvénient; les cochons l'aiment beaucoup, et elle est très-recherchée par les brebis. Cependant cette solanée tue la plupart des insectes, et on prétend que sa présence fait fuir les rats. Elle est dangereuse pour les cerfs; elle est funeste aux oies, à beaucoup d'oiseaux, et mortelle pour les poissons; enfin, elle est un poison redoutable pour l'espèce humaine. Une foule d'observations attestent son influence délétère sur l'économie animale. Son influence vireuse se fait éga-lement sentir lorsqu'elle est directement introduite dans l'estomac ou l'intestin; lorsqu'elle est appliquée sur des surfaces dénudées; introduite dans le tissu cellulaire; injectée dans les veines, et même lorsqu'on est simple-ment exposé à ses émanations. Bohërave éprouva lui-même un état d'ivresse avec tremblement, pour avoir préparé un emplâtre dont la Jusquiame faisait partie, et l'on cite des individus qui se sont trouvés dans un état de délire et de stupeur après s'être imprudemment livrés au sommeil sur un sol où croissait cette plante narcotique. Si l'on parcourt les nombreuses observations d'empoisonnement auxquels la Jusquiame a donné lieu, on voit que sa racine, imprudemment prise pour celle du panais, a généralement produit un délire furieux ou extravagant et la stupeur. Les feuilles et les jeunes pousses ont particulièrement déter-miné la gêne de la respiration, la suspension de l'action des sens et le refroidissement des extrémités. Mais l'admi-nistration des vomitifs, suivie de l'usage des laxatifs et des acides végétaux, a suffi, en général, pour faire disparaître tous les symptômes de ces empoisonnements[1].

En administrant le suc et la décoction aqueuse de la Jusquiame à plusieurs chiens, dont il a eu le soin de lier immédiatement l'œsophage, M. Orfila a reconnu que ces substances ne déterminaient nullement l'inflammation du tissu de l'estomac, mais qu'elles sont portées dans le torrent de la circulation, et c'est très-probablement par cette voie que la Jusquiame exerce sur le système nerveux cette violente excitation qui produit l'aliénation mentale et la stupeur. Cependant cette plante vireuse, a été considérée à la fois par les praticiens, comme excitante et comme narcotique, et c'est d'après cette double manière d'agir qu'on lui a attribué des propriétés sédatives, anodines, antispasmodiques, résolutives, etc., etc.

A l'intérieur, on l'a principalement administrée dans les maladies où l'on fait usage de l'opium ; plusieurs auteurs la préfèrent même à ce médicament parce qu'elle n'a pas comme lui l'inconvénient de suspendre les évacuations ; on a également administré à différents malades l'extrait des feuilles de Jusquiame seul, et, assure-t-on, avec beaucoup de succès pour les convulsions, l'épilepsie, les palpitations de cœur, la céphalalgie invétérée, la mélancolie. — Quels que soient les avantages que beaucoup de médecins paraissent avoir obtenu de l'emploi de cet extrait, il ne faut pas se dissimuler que certains malades n'en ont retiré aucun soulagement, et qu'il a déterminé

[1] Chaumeton.

chez plusieurs, des accidents tout aussi redoutables que la maladie que l'on avait en vue de guérir.

A l'extérieur, la Jusquiame noire exerce, comme sédative, des effets non douteux ; sa décoction chaude a été employée avec avantage, en fomentations, dans les entorses et les contusions ; ses feuilles, cuites dans l'eau et appliquées en cataplasmes, ont quelquefois réussi à calmer les horribles douleurs de goutte, à faire disparaître d'anciennes douleurs rhumatismales rebelles, et à résoudre l'inflammation et les engorgements douloureux de mamelles[1].

La Jusquiame blanche jouit des mêmes propriétés que celle dont nous venons de parler ; toutefois, quelques médecins la préfèrent comme moins irritante. Une autre espèce du même genre entre dans la préparation du beuge, sorte de boisson enivrante qui est devenue un besoin de première nécessité pour les peuples des contrées brûlantes de l'Inde, comme l'opium, suivant la remarque de M. Peyrilhe, l'est devenue pour les Turcs, et le vin pour un certain nombre d'ivrognes répandus sur le reste du globe.

On retire des graines de Jusquiame une huile très-propre à calmer les douleurs dentaires, en en mettant une demi-goutte seulement dans la cavité de la dent cariée.

On récolte la Jusquiame, de préférence, un peu avant sa floraison qui a lieu au mois de Juin[2].

[1] Chamberet.
Lebland.

## EXPLICATION DE LA PLANCHE.

N° 1. Corolle ouverte.
2. Pistil.
3. Fruit.
4. Fruit coupé horizontalement.
5. Graine grossie.

BORDEAUX. — IMPRIMERIE DE TH. LAFARGUE, LIBRAIRE, RUE PUITS DE BAGNE-CAP, 8.

www.ingramcontent.com/pod-product-compliance
Lightning Source LLC
Chambersburg PA
CBHW061639080726
47818CB00058B/608